动物园里的朋友们
（第一辑）

我是刺猬

［俄］玛·库切尔斯卡娅 / 文
［俄］柳·皮普琴科 / 图
刘昱 / 译

江西美术出版社
全国百佳出版单位

我是谁?

我不知道我是谁。妈妈经常叫我小刺猬，但更常说的是“你是我的刺猬宝贝”。

显然我是一只刺猬。妈妈说：“你是最棒的！”我是最棒的小刺猬！没错，我有两个兄弟。我们总是互相推搡，扑哧扑哧喷气，吹吹口哨，嘎嘎乱叫。妈妈说我们就像小鹅一样。我不知道什么是“小鹅”，不过我们马上要去农场玩，到时候就知道了。

我从没见过爸爸。妈妈说，如果爸爸来了，他俩一定会开始争吵和打架！刺猬都是如此，喜欢战斗。所以爸爸并没有出现过，谁想要失去身上的刺呢？我身上的刺还不是很硬，但比以前好多了——我刚出生时，身上的刺是白色的，十分柔软，但现在已经变黑了，变坚硬了。我的爪子和耳朵藏在刺底下。我会渐渐长大，像一个牛肝菌那么高，身子变得和小树桩一样长，大约30厘米；体重有一篮子草莓那么重，大约700克。我一直喝妈妈的奶。妈妈的奶真美味！兄弟们都挤在一起，一边吃奶，一边取暖，因为妈妈的身上暖洋洋的。

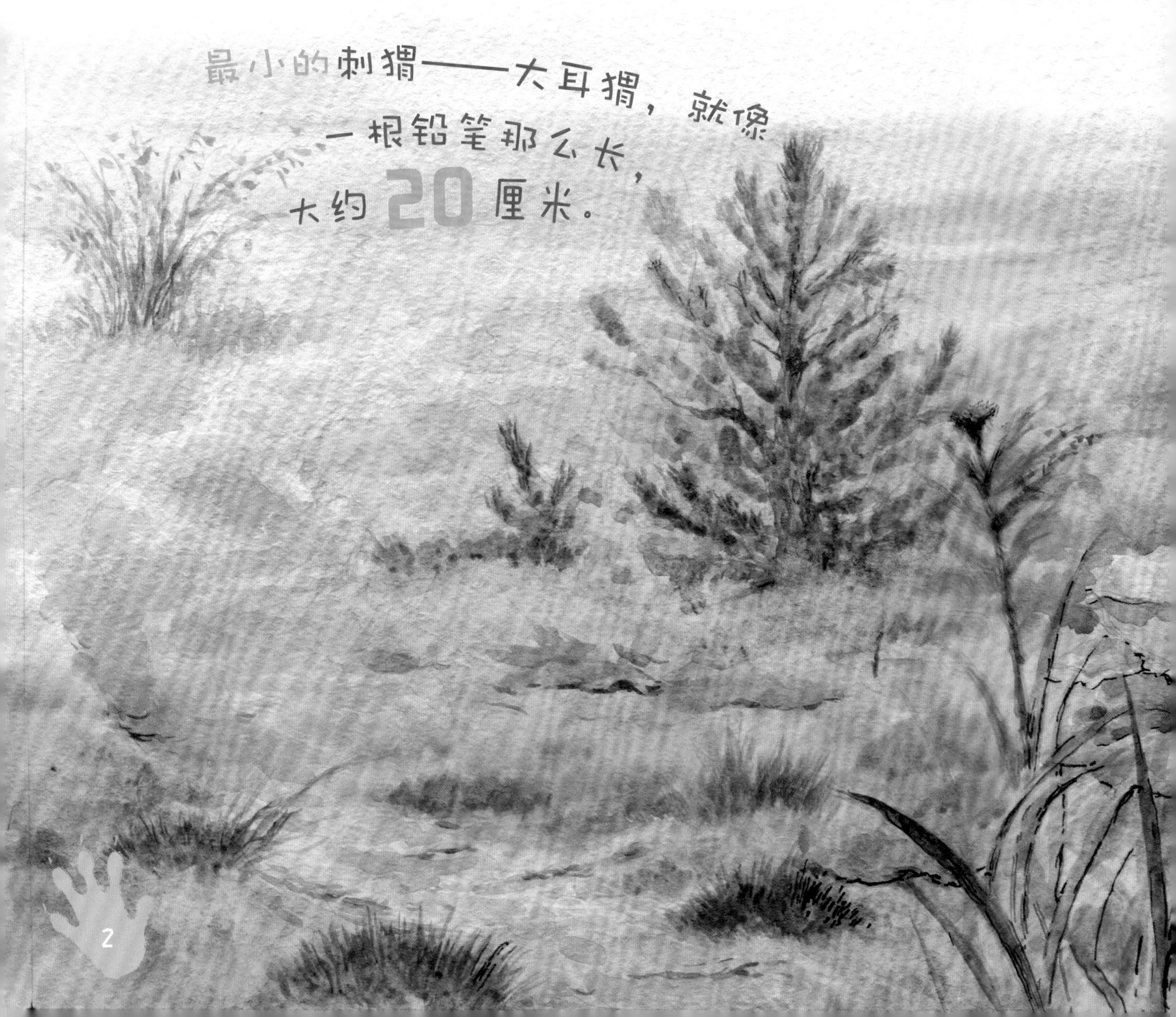
最小的刺猬——大耳猬，就像
一根铅笔那么长，
大约20厘米。

成年刺猬身上刺的数量
是小刺猬身上
的2倍。
20多只刺猬加起来
和你差不多重。

北美洲、南美洲

和澳大利亚没有刺猬。

中国最常见的有黑龙江刺猬等。

我们的居住地

妈妈说，吃完饭以后，要闭上眼睛睡觉。兄弟们打着呼噜，但我却睡不着。我盯着妈妈看。妈妈开始给我讲故事，哄我睡觉。

“我们被称为‘普通刺猬’。我们的亲戚居住在世界各地。我们特别喜欢森林，尤其喜欢阳光充足、长满厚厚的草、没有沼泽的大森林！或者住在森林附近，也会住在人类的花园和农场里（那里有奶牛和牛奶）。如果到了城市，我们一般住在公园里。”

“非洲迷你刺猬生活在非洲，栖息于沙漠和干旱的草原。”

“快睡觉！”妈妈说，“我去吃晚饭。你睡一小会儿，就 3~4 个小时，现在天气还暖和着呢。要是严寒袭来，大雪纷飞，你整个冬天就要一直睡觉，要睡 4 个月。”

妈妈似乎还说了点别的，但我没有听到。

家养的刺猬可以活 **16** 年，野生刺猬的寿命是 **4~7** 年。

一只刺猬身上有超过5000根刺。

我们的刺

妈妈说，森林外生活着人类。他们用两条腿走路，头上有细线一般的头发。我们的脸上和肚皮有毛发，我们的刺也是毛发，只不过有点特殊，但是比人类的头发酷多了！刺可以帮助我们躲避危险，保护我们免受敌人的伤害。我们的刺是空心的，但十分坚硬！如果我们蜷缩成一个球，即使从高处坠落也不怕，硬硬的刺保护着我们。

身上的刺还会帮助我们运送生活必需品。我们把需要的东西扎在刺上。但并不像你经常看到的图片，扎着红果子和蘑菇，不是这样的！我们建洞穴的时候，在刺上扎上苔藓和草；有时我们也在成熟的苹果上滚一滚，苹果的果汁能赶走蜱虫。妈妈说："你要经常洗脸、洗刺，千万不要让不受欢迎的客人爬进去。"我还不会洗，现在都是妈妈帮我舔干净。

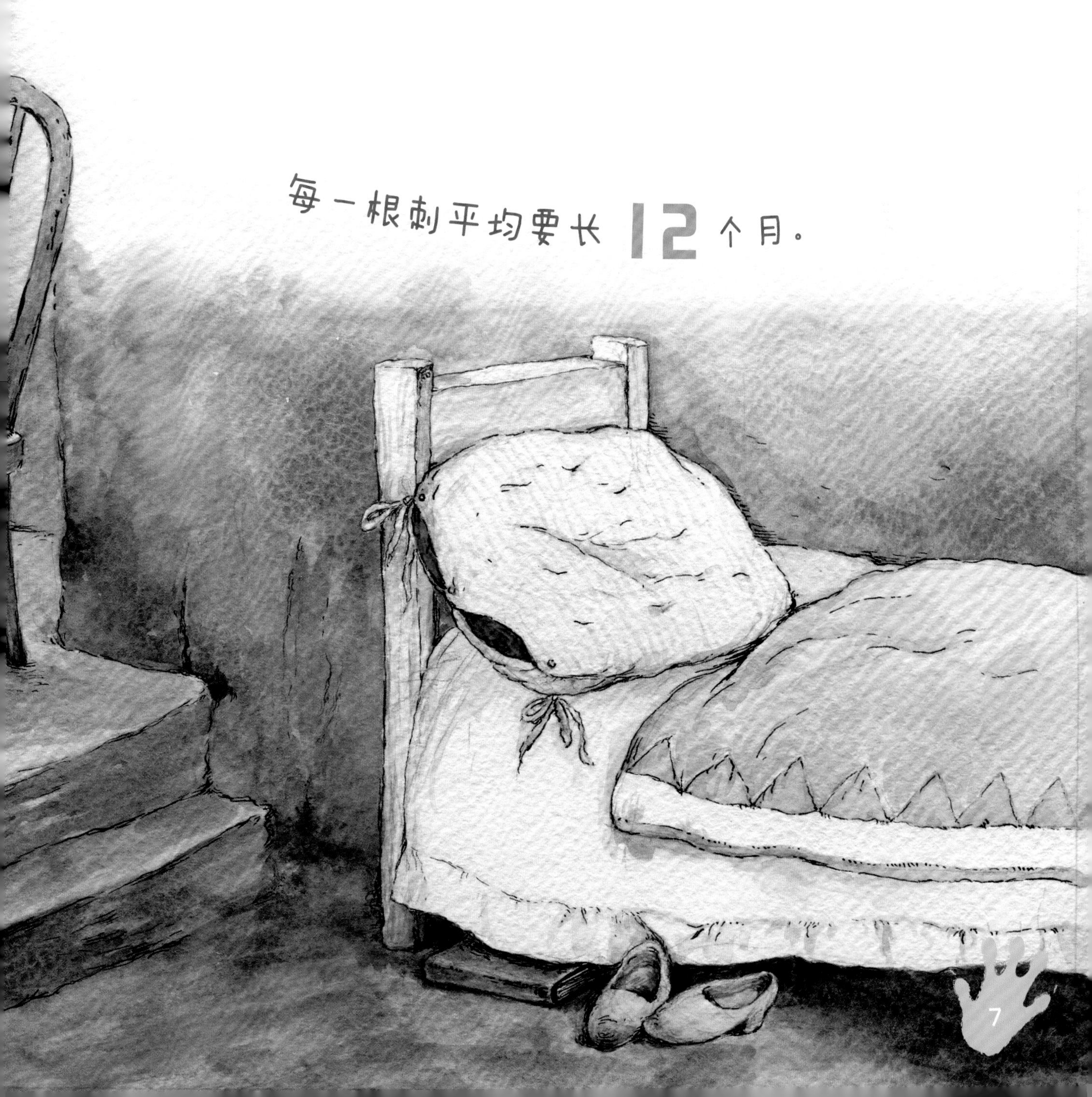

牙齿、爪子和尾巴

今天我长出了第一颗牙齿！一开始嘴里好疼，为了不哭出来，我吮吸妈妈的奶。妈妈突然尖叫起来，我把妈妈咬疼了。我已经三周大了，妈妈说，是时候长牙了。很快我就要长满 36 颗牙。上牙很锋利——很好咬东西，下牙厚一点——咀嚼很方便。但是当我吃母乳时，一定要非常小心，可不能咬疼妈妈。我会努力的。

我的尾巴也长长了，不久前还完全看不见它，现在已经有个明显的小弯钩了。但我把它藏在刺下，我的尾巴没什么好看的，我自己喜欢就好！

我的爪子还不是很锋利，但是它们渐渐变硬了。每只爪子上有 5 个指头，和人类一样。我和兄弟们今天学会了怎样跺脚。一只普通的刺猬能够跺脚。虽然跺得不是很响。

一般情况，刺猬的上颚有 **20** 颗牙，

下颚有 **16** 颗牙。

刺猬的尾巴只有3厘米长，
比刺猬自己的
大拇指还短。

刺猬的听觉比猫咪还灵敏。

我们的听觉

夜幕降临，妈妈第一次带我们出来散步。我们居住的洞穴里很黑，所以森林显得特别亮！我的眼睛都被亮得眯了起来。天上挂着一个发着白光的大圆盘，妈妈告诉我们："孩子们，那就是月亮！"

新鲜的绿叶、挂着露珠的小草、奔跑的溪流和缥缈的薄雾散发着清新的气味。突然一股浓郁的香气飘来，妈妈告诉我们，那是铃兰花开了。我一头扎进铃兰花丛里，轻舔铃兰花瓣，嘴里立刻变得甜甜的。刺猬很快就能熟悉新事物，不过那时我还不知道。

突然，我们听到了阵阵声响，有时婉转动听，有时噼啪作响，有时发出"咕咕"的声音。妈妈解释说："那是小鸟们在唱歌呢。"歌声中混杂着低沉的噪音，那是"高速公路"发出的。突然传来尖锐的鸣笛声，紧接着发出轰隆声。我特别害怕，紧紧抓着妈妈。"轰隆隆，轰隆隆……"这是"火车"。现在不用害怕它了，它离我们很远，我们能听到，那是因为我们的听觉特别灵敏。

刺猬在 5 米外就可以嗅到猎物的气味。

我们的速度

妈妈突然大喊："孩子们快跑！"我们跟在妈妈后面飞奔起来！树叶在爪子下沙沙作响，高高的草为我们开路，虫子们都纷纷跑开。一片白黄色的叶子迎风起舞，难道叶子也会飞吗？但是没时间细看了。妈妈跑得那么快，我们怎么也追不上。这时妈妈在小溪旁停了下来，让呼吸平静下来。

"奔跑是为了防御敌人。"妈妈说，"1 秒钟内我们跑了 3 米。所以，如果遇到敌人，最好不要蜷成一团，要赶紧跑！敌人很难追上刺猬。但如果敌人离得太近，我们可以爬上一棵倒下的树，最重要的是，用爪子紧紧地抓住树皮。虽然我们不能爬得像松鼠那么高，但我们可以躲避敌人。

"妈妈，你说了多少次'敌人'了？那是谁？是我们的爸爸吗？"

"不是的！爸爸只不过喜欢打架，他是刺猬，是自己人。敌人——就是他，孩子们，快潜到水里！"

刺猬一晚上可以跑 9 千米。

非洲刺猬的奔跑速度是欧洲刺猬的1.5倍。

我们会游泳

我根本不想游泳，但妈妈已经跳到水里，兄弟们跟在妈妈后面也跳进水里。恐怖的沙沙声越来越近，不知是谁靠在我身上。我赶快蜷成一个球，突然“他”把我推入水中。我伸展身体，摆动爪子，游了起来，现在我知道了，我会游泳。游着游着，我碰到了坚硬的土地。我慢慢爬上岸，喘着粗气。妈妈和兄弟们已经钻进了草丛。

我跑到他们身边，妈妈闻了闻我，给了我一些奶喝。

我在颤抖。那是谁？他在哪里？

他是一只狐狸。你刚才问我们的天敌是谁。这就是我们的天敌。我们很幸运，狐狸不想游泳，所以我们顺利逃走了！

刺猬在水里伸展开身体，像小狗一样，用4只爪子划水。

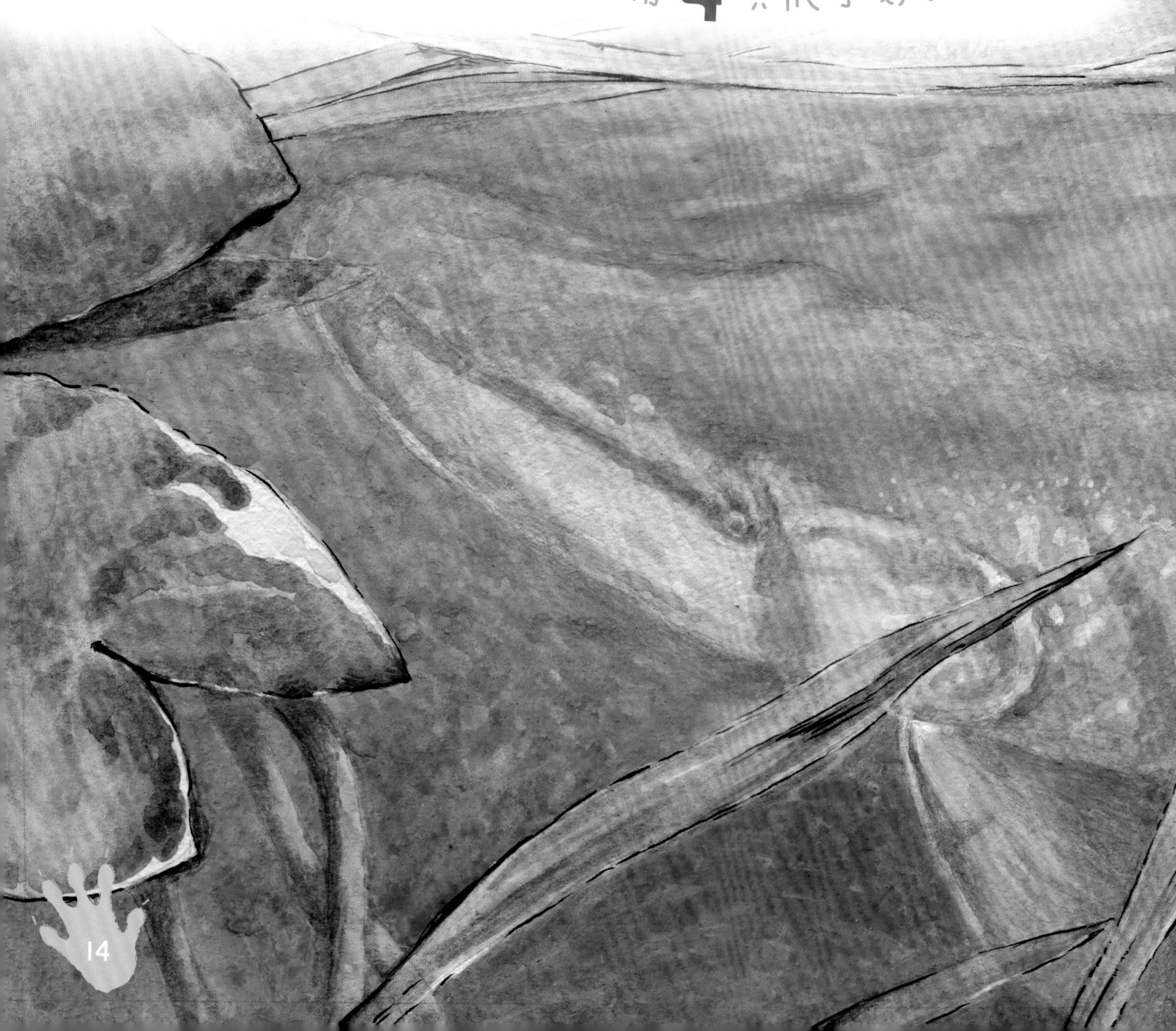

我们的天敌

我们的天敌很多——狐狸、狼、雪貂，还有耳朵竖着、尾巴翘着，深受人类喜爱的狗！更可怕的是獾，即使我们的洞再深，他们也能爬进去。

还没说完呢，我们的天敌还有鸟。有的鸟儿只是唱唱歌，敲敲树干，发出“咕咕”的声音，他们并不危险。但有的鸟飞得很高，看起来很远，但俯冲下来的速度极快，他们叫作猫头鹰。猫头鹰像我们一样在夜晚醒来，并且整晚都在捕食。

对付他们只有一个办法：蜷缩起来，用尽全力刺痛他们。但只有在跑不掉的情况下才需要使用这个方法。不过，我们摆脱那些不会飞的动物很容易。

啊！太可怕了！是时候吃点东西压压惊了。

刺猬的敌人——小蜱虫，刺猬身上长满了这种寄生虫。

我们的食物

开饭了。妈妈说："这个可以吃。"我们立刻狼吞虎咽起来。

每走一步都能碰见可以吃的东西。

我一晚上都在吃：蚯蚓、蜗牛、甲虫、青蛙、橡果、小蘑菇、鸟蛋、没有尾巴的蜥蜴、去年的坚果。我们边走边吃。一个晚上，我们吃的东西可以达到自己体重的1/3。

突然，妈妈停了下来，发出"嗞嗞"声，抓起一条黑色飘带，自己蜷缩成一个球。黑色飘带正好落在妈妈的刺上，立刻耷拉了下来。妈妈把它抓住，沉默了一会儿说："这是蛇，蝮蛇，不太好吃，但为什么不吃呢？妈妈想告诉你们这种食物也能吃。当然，青蛙更可口。"

一只刺猬一晚上可以吃掉**200**克的虫子。

我们的家

因为吃得太多，我变得胖乎乎的，都有点走不动了。终于回到洞里了，我费了好大劲儿才钻进去。

喝完奶后，我们躺在一张用苔藓、草和枯叶做的垫子上——真惬意啊！兄弟们太累了，都没有像往常那样打打闹闹就睡着了。

从前，这里住着一只小兔子，他搬走后，我们就住进了这里。妈妈在地板上铺了树叶、苔藓、枯树枝，软软的，很舒服。妈妈还给我们讲了搬家的事——刺猬们喜欢搬家，或者一下子造好几个房子。我太困了，已经无法思考了，梦里我梦见自己又变小了。

刺猬的洞穴深度有 **1.5** 米，

比你的身高还高。

我的成长

我刚出生时光溜溜、粉嫩嫩的，刺长在皮肤下面，闭着眼睛。我只有一个人类婴儿的手掌（大约7厘米）那么长，体重只有5个橡子那么重。一两个小时后，我的刺会长出来，但很软，每天我喝妈妈的奶，靠着妈妈取暖。过了大约两个星期，突然，我能看见了：妈妈亮亮的肚皮、我的兄弟、一缕透过天花板缝隙的光、还有飘零的落叶。我的眼睛睁开了，刺变硬了，我从洞里钻出来，在森林里奔跑，闻到青蛙的气味，我一下子冲过去，但他跳了一下便逃走了。

两个月后的一天，我睡醒了，我好像睡了很久！

妈妈和兄弟们都不在身旁，我一个人待着。我知道他们不回来了，每个人都开始了自己独立的生活。妈妈说过，这一天迟早要到来。奇怪的是，我不再想喝妈妈的奶，不再想看见兄弟们了，我只想捉蠕虫和青蛙，想要像个大人一样，扑哧扑哧喘着粗气，在森林里奔跑。我明白我长大了，我不再是刺猬宝宝了！

我是刺猬先生了。

刺猬妈妈一胎可以生 **1~9** 只小刺猬。

你知道吗？

1500 万年前地球上就出现了刺猬！

很久很久以前，意大利生活着一种巨大的刺猬——体型是现在刺猬的5倍。它叫作钉尾兽。它的脸很窄，耳朵很小，身上没有刺，尾巴长长的。想象一下，这只长尾巴刺猬和你一样高，它的脚步声得有多大声！

虽然豪猪身上也有刺，但它们不是刺猬的亲戚！

科学家把豪猪归为啮齿目（和老鼠、松鼠和海狸是一类），而刺猬曾经属于食虫目，和鼹鼠、鼩鼱、麝鼹是一类。

豪猪是素食动物，爱吃草；刺猬喜欢吃蠕虫、青蛙和甲虫。

刺不是刺猬最重要的东西。事实证明，有一些刺猬身上没有刺，它们的毛皮很厚，尾巴有身体的一半那么长。它们看起来像老鼠，所以被称为大鼠猬。它们不靠刺来防御敌人，而是气味——大鼠猬能发出洋葱或大蒜的味道，非常刺鼻！

世界上大约有不到 20 种刺猬，它们各不相同！

故事里的这种刺猬叫作西欧刺猬，或者普通刺猬。没错，它们不仅仅生活在欧洲，有一次还被带到新西兰了。新西兰非常适合刺猬居住，那里气候适宜，环境优美，还有充足的食物！这种刺猬刺不长——只有2~3厘米，皮毛是棕色的，带有深色条纹。

东欧刺猬（猜一猜它们住在哪里）的刺只有0.5厘米长，尖部是白色的，中间有黑色和棕色的条纹。

生活在远东的阿穆尔刺猬比欧洲刺猬体型小一点，颜色也浅一点。天气晴朗的时候，它们白天睡觉，晚上捕食，爱吃蠕虫、昆虫幼虫和小青蛙。阴天的时候，这些刺猬一整天都在捕食！还有一种来自外贝加尔湖地区达乌尔草原的刺猬，它们和普通刺猬不同，头顶部的刺不向左右分披，长得很均匀。

中国刺猬的头顶上没有刺！

刺猬家族中最迷人的刺猬之一就是大耳猬。它们的耳朵非常大——几乎有半个脑袋那么长。它们身上的刺只有欧洲刺猬的刺的一半长，而且只有背部有刺，身体两侧没有。大耳猬比普通刺猬跑得快，而且不喜欢蜷成球。

生活环境越冷，大耳猬身上的刺就越暖和！

来自非洲的刺猬身上的刺是巧克力色的。

这些刺猬有的脸蛋上有白色条纹，有的爪子和肚皮是白色的。有时你可以在宠物商店里找到非洲白腹刺猬（或称为迷你刺猬），这是一种特别受人欢迎的小宠物。

但是可不要缠着爸爸妈妈买小刺猬，要先好好地了解它们。

最近，在许多国家突然出现了家养迷你刺猬。它们不跺脚，气味不刺鼻，也不冬眠，它们的刺不太扎人，颜色多种多样——有白色、暗灰色，甚至还有淡黄色！但你知道问题在哪里吗？这些是家养的刺猬，只能欣赏，要是把它们放回到森林里（或者它们自己溜走了），等待它们的将是很糟糕的处境！

家养刺猬时要准备一个专门的笼子，必须要喂活虫子（虽然有时它们也吃猫饲料），而且还不能和它一起玩——刺猬可狡猾了。

即便你觉得小刺猬迷路了，也没必要把刺猬从森林带回家！更不能把小刺猬拿在手里，那样的话，小刺猬身上会沾上人类的气味，它们的妈妈可能就认不出它来了。

刺猬吃不惯人类的食物，但如果你真的想喂这个身上长刺的小家伙，可以喂给它一点碎肉或者不加盐的煮鸡蛋。

千万不要给刺猬喝牛奶！否则刺猬会肚子痛，但刺猬有时会忘了这点，然后高高兴兴地去喝牛奶！你是不是有时候也会吃不利于自己身体健康的东西呀？

有许多人关心刺猬的生命和健康，还有许多国家为它们在马路下修建了专门的通道——一条宽宽的隧道。刺猬们原来居住的森林里太拥挤了，已经没有足够的地方建洞穴，食物也不够了。有了隧道，小刺猬们就能够安全地走到另一边——另一片新的大森林。

在俄罗斯的莫斯科州，每年的春天、夏天、秋天，人类会派直升机向大森林里空投食物——专门给小刺猬准备的，里面藏着药，可以预防它们生病。

刺猬不吃水果，而是在水果上打滚，让果汁沾在刺下的皮肤上——酸苹果汁（或秋天腐烂的苹果的汁）可以帮刺猬赶走跳蚤和蜱虫。有时苹果块会扎在刺上，所以人们以为刺猬把苹果运到自己的洞里，实际上刺猬的刺可运不了重物！

人们对刺猬还有很多误解！

比如在古罗马，人们认为刺猬可以预测天气——就像现在二月份的美国土拨鼠那样——冬眠结束后，刺猬会离开洞穴，如果刺猬去寻找食物，这意味着春天很快就会到来；如果又回去睡觉，这意味着冬天还没有结束。

关于刺猬有很多神话和传说。

斯拉夫人认为，如果刺猬在房子附近居住，会给人们带来好运，帮助赶走院子里的坏人。

在保加利亚的神话中，正是刺猬告诉人们，为什么天位于地的上方。在波兰，人们送给新娘子刺猬形状的面包——这是幸福的象征。

刺猬给我们带来了很多好处，如消灭昆虫等，保护我们的花园和菜园！

人们以为刺猬经常抓蛇、抓老鼠。这可不对。有时，刺猬可以吃它们，但专门去追赶、捕食它们，刺猬可不干！不过，对于刺猬来说，这些人类看起来有些可怕的东西并不可怕，这是事实。

刺猬还会用狡猾的方法保护自己，比如，在有毒或者气味刺鼻的东西上滚一会儿，这样一来，身上的刺就成了对抗敌人的超级武器！

法国几个城市（地区）的市徽上画着刺猬。那里的人们把它们当作目光敏锐、勤勤恳恳和自我保护能力强的象征。从动物学的角度来看，只有自我保护这点说对了：刺猬的视力不是很好（但听觉和嗅觉还不错）。还有它们也不是很勤劳，它们一到冬天就冬眠，什么也不做。

知道有多少东西以“刺猬”命名吗？

第一，大约有10本使用不同语言、出版自不同时间的杂志以“刺猬”命名，其中包括白俄罗斯的《小刺猬》、阿塞拜疆的《刺猬》和塔吉克斯坦的《刺猬》。

第二，有一种男性短发发型叫作“刺猬头”，曾经很受欢迎。

第三，有一种米饭配肉丸套餐被称为“刺猬”，食物做好时，一粒粒米看起来像刺。

以“刺猬”命名的村庄数量很难统计，包括“刺猬”“小刺猬”，甚至还有“母刺猬”。

“刺猬”——可以是一种坦克障碍物，一节地铁车厢，一颗防御导弹，一枚高贵的徽章……包括海胆（sea hedgehog）也是以“陆地刺猬”（hedgehog）的名字命名的！

科学家不甘落后，他们发现了“刺猬梳头定理”，听起来好笑吗？

当然了，刺猬不需要梳头——它们把自己照顾得很好。用手指清理身上的刺（也可能这就是“梳理”）。所以，爪子的第二、第三和第四指比其他的指头长一些。有时，刺猬在气味刺鼻的东西上舔很久，然后将它们的唾液涂到刺尖上。可惜，科学家们到目前为止还没有完全弄清楚它们为什么要这样做。

你看，刺猬有多少秘密呀！

关于刺猬还有很多要说的！你试一试能不能像刺猬一样蜷成一个球！是不是做不到呢？像刺猬一样用鼻子呼哧几声？能做到吗？又没做到！刺猬背部的肌肉很特殊，可以帮助它们蜷缩成刺球！人类可没有这样的肌肉……

刺猬在带爪子的小动物里最受欢迎，因为它们如此迷人和可爱！

拜拜啦！森林里见！

动物园里的朋友们

本套书共三辑，每辑 10 册，共 30 册。明星作者以第一人称讲故事的形式，展现每个动物最与众不同、最神奇可爱的一面，介绍了每种动物的种类、生活环境、形态特征、生活习性等各方面。让孩子们足不出户也能了解新奇有趣的动物知识。

第一辑（共 10 册）

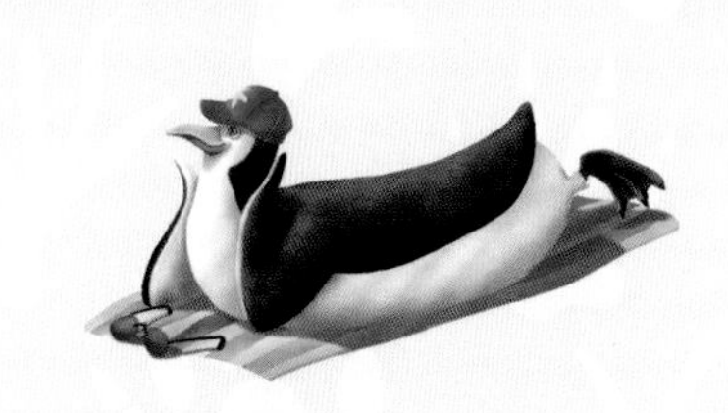

第二辑（共 10 册）

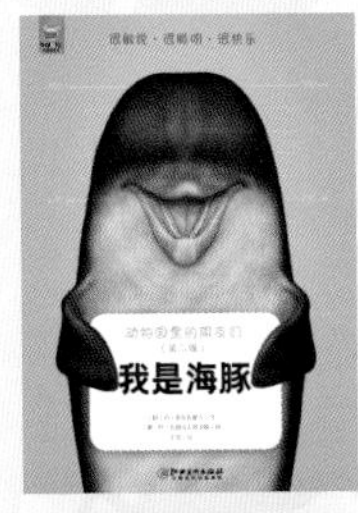

第三辑（共 10 册）

图书在版编目（ＣＩＰ）数据

动物园里的朋友们．第一辑．我是刺猬 / （俄罗斯）
玛·库切尔斯卡娅文 ； 刘昱译. -- 南昌 ： 江西美术出
版社，2020.11
ISBN 978-7-5480-7508-0

Ⅰ．①动… Ⅱ．①玛… ②刘… Ⅲ．①动物－儿童读
物②猬科－儿童读物 Ⅳ．①Q95-49

中国版本图书馆CIP数据核字(2020)第070938号

版权合同登记号 14-2020-0158

出 品 人：周建森
企　　划：北京江美长风文化传播有限公司
策　　划：巴拉拉
责任编辑：楚天顺 朱鲁巍
特约编辑：石 颖 吴 迪 王 毅
美术编辑：童 磊 周伶俐
责任印制：谭 勋

动物园里的朋友们（第一辑） 我是刺猬

DONGWUYUAN LI DE PENGYOUMEN(DI YI JI) WO SHI CIWEI

［俄］玛·库切尔斯卡娅 / 文 ［俄］柳·皮普琴科 / 图 刘昱 / 译

出　　版：江西美术出版社
地　　址：江西省南昌市子安路 66 号
网　　址：www.jxfinearts.com
电子信箱：jxms163@163.com
电　　话：0791-86566274 010-82093785
发　　行：010-64926438
邮　　编：330025
经　　销：全国新华书店
印　　刷：北京宝丰印刷有限公司
版　　次：2020 年 11 月第 1 版
印　　次：2020 年 11 月第 1 次印刷
开　　本：889mm × 1194mm 1/16
总 印 张：20
ISBN 978-7-5480-7508-0
定　　价：168.00 元（全 10 册）

1500万年前刺猬就出现在地球上了。刺猬的刺是空心的，但十分坚硬，可以很好地保护自己。11天大的刺猬已经可以缩成球。

玛·库切尔斯卡娅

本书的作者是玛·库切尔斯卡娅——作家、批评家、俄罗斯国立高等经济学院教授。著有《给孩子的福音故事》《修士传》《雨神》《莫佳阿姨》《绘画女教师的哀歌》。

她的书被翻译成多种语言在欧洲和美洲多国出版。她也是创意写作学校的校长和创始人，该学校专为年轻作家授课。她还是三个孩子的妈妈。

作者谈刺猬:

“一次，我写了一部关于刺猬的童话剧。有人嘲笑这部作品，有人感动得流下眼泪。还有一家剧院因为怕把观众搞糊涂了，不知该哭还是该笑，便禁止这部作品上演。从那时起，我爱上了刺猬，但不是童话里的，而是真正的刺猬。刺猬虽然小，但它们很勇敢，不害怕毒蛇，也不怕黑暗。”

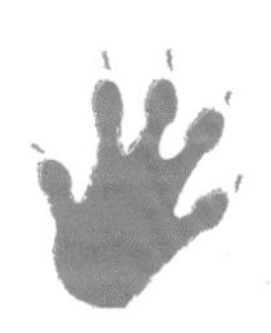

官方微信二维码

上架建议：科普绘本

定价：168.00 元（全 10 册）

很勇敢·很强大·很斑斓

动物园里的朋友们
（第一辑）

我是老虎

[俄]伊·拉古坚科/文
[俄]叶·沃罗宁娜/图
于贺/译

江西美术出版社
全国百佳出版单位

7月
29
全球老虎日